AF667348

Ernst Probst

Europasaurus

Die Echse aus Europa

Copyright / Impressum:
Europasaurus. Die Echse aus Europa
Texte: © 2019 Copyright by Ernst Probst
Umschlaggestaltung: © Copyright by Ernst Probst

Verlag:
Ernst Probst
Im See 11, 55246 Mainz-Kostheim
Telefon: 06134/21152
E-Mail: ernst.probst (at) gmx.de
ISBN: 978-3-384-45434-8

Herstellung: Tredition GmbH, Ahrensburg

Vorwort

2006 wurde die Liste der aus Deutschland bekannten Dinosaurier-Arten um einen weiteren wissenschaftlichen Namen bereichert. Damals beschrieben vier Paläontologen den bis dahin unbekannten kleinen Elefantenfuß-Dinosaurier *Europasaurus holgeri* aus Niedersachsen. Zunächst betrachteten die Experten die Fossilien von diesem Tier als Reste jugendlicher großer Elefantenfuß-Dinosaurier. Derartige Dinosaurier gelten als Pflanzenfresser. Sie hatten einen kleinen Kopf, einen langen Hals und Schwanz sowie elefantenähnliche Beine. Später erkannte man, dass es sich bei den Zähnen und Knochen von *Europasaurus* um Reste erwachsener Tiere handelte. Diese Dinosaurier erreichten eine Länge bis zu 6,20 Metern und ein Gewicht bis zu einer Tonne. Der nächste bekannte Verwandte von *Europasaurus* namens *Camarasaurus* war drei Mal so lang und wog ungefähr 30 Tonnen. Unbekannte Vorfahren von *Europasaurus* hatten auf einer Insel gelebt. Innerhalb von wenigen Generationen sind sie immer kleiner geworden.

Inhalt

Erwachsenes und junges Tier
von Europasaurus holgeri im Vordergrund
sowie andere Dinosaurier im Hintergrund.
Bild: Gerhard Boeggemann / CC BY-SA 4.0
(via Wikimedia Commons),
lizensiert unter Creative Commons-Lizenz by-sa-4.0.de,
https://creativecommons.org/licenses/by-sa/4.0/de/legalcode

Steinbruch am Langenberg zwischen Oker und Bad Harzburg, Fundort des Elefantenfuß-Dinosauriers Europasaurus holgeri. Foto: Kassandro / CC-BY-SA3.0 (via Wikimedia Commons), lizensiert unter Creative Commons-Lizenz by-sa-3.0-de. http://creativecommons.org/licenses/by/3.0-sa/legalacode

Europasaurus

Die Echse aus Europa

Ein Klima wie in der Karibik mit Temperaturen um 35 Grad Celsius herrschte im Oberjura vor mehr als 150 Millionen Jahren im Harz. Auf kleinen Inseln im norddeutschen Flachmeer lebten damals nicht sehr große Elefantenfuß-Dinosaurier. Am Ufer wuchsen Palmen und sonnten sich Krokodile. Damals gab es andernorts auch flugfähige Ur-Vögel mit Zähnen im Kiefer.
Im September 1998 entdeckte der Fossiliensammler Holger Lüdtke aus Triangel (Kreis Gifhorn) im Steinbruch am Langenberg bei Oker, einem Stadtteil von Goslar (Niedersachsen), am nördlichen Harzrand, eine rund einen Zentimeter messende Zahnkrone. Sofort wusste er, dass es sich um den Zahn eines pflanzenfressenden Dinosauriers mit kleinem Kopf, langem Hals, elefantenähnlichen Beinen und peitschenartigem Schwanz handelt. Solche Echsen werden Elefantenfuß-Dinosaurier, Langhals-Dinosaurier oder Sauropoden genannt.
Bis dahin hatte Holger Lüdtke bereits sechs Jahre lang im Steinbruch am Langenberg nach Fossilien gesucht. Für die Unterstützung des Steinbruchbesitzers Fabian von Pupka ist Lüdtke besonders dankbar. Gelegentlich stieß der Fossiliensammler im Steinbruch am Langenberg auf unscheinbare Knochenreste, deren wahre Natur er zunächst nicht erkannte. Danach folgten weitere Funde wie Knochen, Schwanzwirbel, Beckenfragmente und Rippen. Der Hobby-Paläontologe informierte Wissenschaftler vom Landesmuseum Hannover über seine Entdeckungen und jene

Schädel des Elefantenfuß-Dinosauriers Europasaurus holgeri aus dem Steinbruch am Langenberg bei Oker.
Foto: Nils Knötschke / CC-BY-SA2.5 (via Wikimedia Commons), lizensiert unter Creative Commons-Lizenz by-sa-2.5-de. http://creativecommons.org/licenses/by-sa/2.5/legalcode

zogen ein Team des Dinoparks Münchehagen hinzu.
Im Laufe der Zeit barg man im Steinbruch am Langenberg Zähne und Knochen von Dinosauriern, Flugsauriern, Krokodilen, Schildkröten und Säugetieren. Nils Knötschke, damals wissenschaftlicher Leiter des Dinoparks, organisierte die Bergung, präparierte Funde, knüpfte Kontakte zu Wissenschaftlern und entdeckte eine neue Krokodilart.
Anfangs betrachteten Paläontologen die von Holger Lüdtke geborgenen Zähne und Knochen als Reste jugendlicher großer Elefantenfuß-Dinosaurier. Die Funde wurden im „Dinosaurierpark Münchehagen" präpariert. 2006 erfolgte die wissenschaftliche Erstbeschreibung in „Nature" durch die Paläontologen P. Martin Sander, Octávio Mateus, Thomas Laven und Nils Knötschke. Einzige Art ist *Europasaurus holgeri*, mit deren Namen der Entdecker Holger Lüdtke geehrt wird. Vorher hatte der Entdecker den Neufund nach seiner damals dreijährigen Tochter Hanna benannt.
Die bisher vorliegenden 1.300 Knochen von *Europasaurus* stammen von mindestens 21 Tieren verschiedener Entwicklungsstadien (jugendlich, halberwachsen, erwachsen) mit einer Länge von etwa 1,70 bis 6,20 Metern und einer Höhe von maximal 3 Metern.
Laut Online-Lexikon „Wikipedia" handelte es sich um eine Herde, die gleichzeitig bei einer Flut oder einem Blitzschlag zu Tode kam. Diese Tiere lebten einst auf einer Insel oder einigen Inseln am südlichen Rand des Niedersächsischen Beckens.
Schädelfunde von Elefantenfuß-Dinosauriern sind selten. Die gut erhaltenen Schädelknochen von *Europasaurus* gelten als die ersten derartigen Funde in Europa. Laut Online-Lexikon „Wikipedia" zeigt *Europasaurus* gegenüber dem für

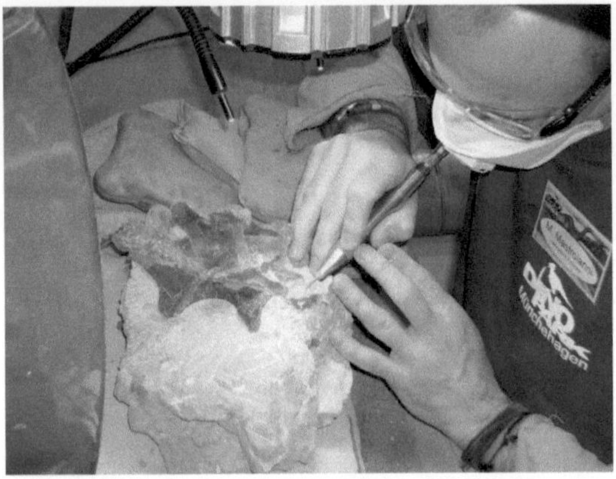

Präparation fosssiler Knochen von Europasaurus holgeri.
Foto: Nils Knötschke / CC-BY-SA2.5
(via Wikimedia Commons),
lizensiert unter Creative Commons-Lizenz by-sa-2.5-de.
http://creativecommons.org/licenses/by-sa/2.5/legalacode

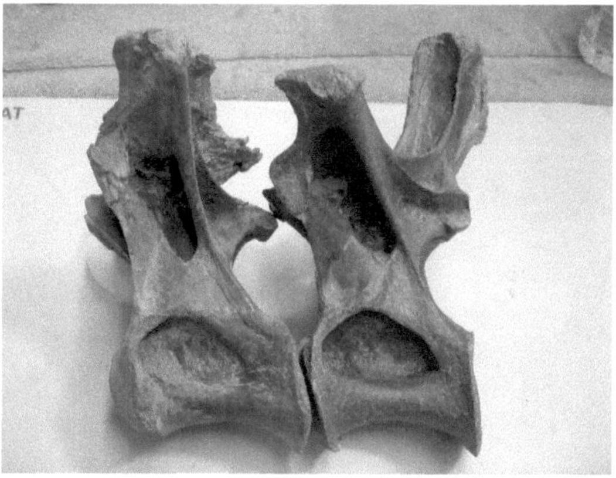

Rückenwirbel von Europasaurus holgeri.
Foto: Nils Knötschke / CC-BY-SA2.5
(via Wikimedia Commons),
lizensiert unter Creative Commons-Lizenz by-sa-2.5-de.
http://creativecommons.org/licenses/by-sa/2.5/legalacode

Elefantenfuß-Dinosaurier Camarasaurus („Gekammerte Echse").
Bild: Dmitri Bogdanov / CC-BY-SA3.0
(via Wikimedia Commons),
lizensiert unter Creative Commons-Lizenz by-sa-3.0-de.
http://creativecommons.org/licenses/by-sa/3.0/legalacode

Sauropoden typischen Gigantismus eine gegenteilige Ent--wicklung, die als Inselverzwergung gedeutet wird. Darunter versteht man eine bei Besiedlung von Inseln durch große Tiere heute noch zu beobachtende merkliche Verringerung der Körpergröße als evolutionäre Anpassung an einen isolierten Lebensraum mit begrenztem Nahrungsangebot. Experten gehen davon aus, dass der unbekannte Vorfahre von *Europasaurus* wegen des enormen Selektionsdrucks innerhalb von wenigen Generationen auf eine Länge von etwa 6,20 Metern und ein Lebendgewicht von rund einer Tonne verzwergte. Der nächste bekannte Verwandte namens *Camarasaurus* aus der Oberen Jurazeit vor etwa 160 bis 150 Millionen war mit etwa 18 Metern drei Mal so lang und wog ungefähr 30 Tonnen.

Camarasaurus wurde 1877 durch den amerikanischen Paläontologen Edward Drinker Cope (1840–1897) erstmals wissenschaftlich beschrieben. Er hatte teilweise erhaltene Skelette, die in Colorado entdeckt wurden, gekauft und untersucht. Den Gattungsnamen *Camarasaurus* („Gekammerte Echse") wählte er vermutlich wegen der hohlen Wirbel dieses Tieres.

Zu den 1878 von dem amerikanischen Paläontologen Othniel Charles Marsh (1831–1899) erstmals beschriebenen Sauropoden gehörten die größten Landwirbeltiere aller Zeiten. Man rechnet ihnen beispielsweise den 40 Meter langen *Argentinosaurus* und den 27 Meter langen *Brachiosaurus* zu.

Doch nun zurück zu *Europasaurus*. Man weiß noch nicht, ob der Vorfahre von *Europasaurus* auf einer durch den steigenden Meeresspiegel schrumpfenden Insel oder einigen Inseln isoliert wurde oder erst erst später einwanderte und anschließend seine Körpergröße reduzierte.

An der Universität Bonn konnte mit Hilfe der Histologie

Rekonstruktion des Skelettes des Elefantenfuß-Dinosauriers Europasaurus holgeri aus dem Steinbruch am Langenberg im „Dinosaurierpark Münchehagen".
Foto: Brudersohn / CC-BY-SA3.0 (via Wikimedia Commons), lizensiert unter Creative Commons-Lizenz by-sa-3.0-de. http://creativecommons.org/licenses/by-sa/3.0/legalacode

der Langknochen das Individualalter der *Europasaurus*-Funde ermittelt werden. An der Knochenmikrostruktur ließ sich ablesen, dass *Europasaurus* anders als große Sauropoden nur sehr langsam wuchs. Bei Untersuchungen an Dünnschliffpräparaten des Knochenquerschnitts erkannte man Stillstandsmarken im Knochen. In der Knochenrinde der größten Langknochen befinden sich eng zusammenstehende Stillstandsmarken, die belegen, dass ihr Wachstum zum Zeitpunkt des Todes bereits beendet war. Demzufolge handelte es sich bei den größten gefundenen Tieren um erwachsene Exemplare, die ihre endgültige Größe bereits erreicht hatten.

Der Kalksteinbruch am Langenberg bei Oker liegt mitten in der einzigartigen geologischen Quadratmeile zwischen Goslar und Bad Harzburg, Clausthal und Altenau. Dort treten auf engem Raum Gesteinsschichten aus einem Zeitraum von etwa 500 Millionen Jahren zutage. Darüber schwärmte schon der Naturforscher Alexander von Humboldt (1769–1859). Die Kalksteinschichten sind am Langenberg fast senkrecht ausgefaltet.

Die sensationelle Entdeckung des bis dahin unbekannten Dinosauriers *Europasaurus* im Steinbruch am Langenberg bescherte Holger Lüdtke unvergessliche Erlebnisse in der 2017 durchgeführten Ausstellung „Jurassic Harz“ im Naturhistorischen Museum Braunschweig, mit „Stern-TV“, „Spiegel-TV“ und der renommierten Wissenschaftszeitschrift „Nature“.

Auch der Dinosaurier *Europasaurus holgeri* erfuhr allerlei Ehren. 2013 wurde er im Kinderbuch „Wo kommt der Dino her?“ beschrieben. 2016 erfolgte die Aufnahme in den Stammbaum der Saurierarten im US-Buch „The Sauropod Dinosaurs“. Die Firma Bullyland nahm *Europasaurus* 2013

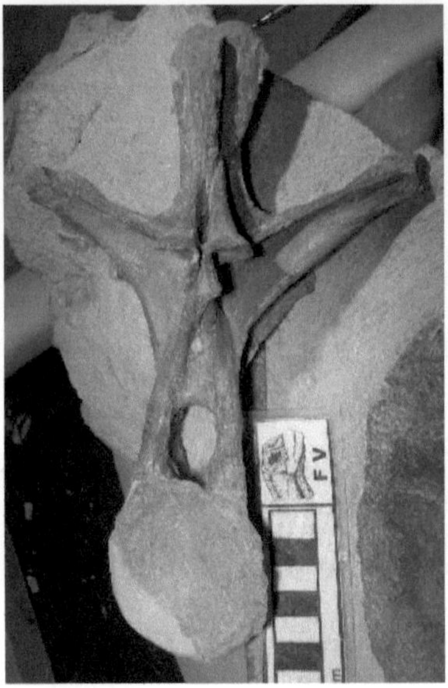

Rückenwirbel des Elefantenfuß-Dinosauriers Europasaurus holgeri aus dem Steinbruch am Langenberg.
Foto: Nils Knötschke CC-BY-SA2.5 (via Wikimedia Commons), lizensiert unter Creative Commons-Lizenz by-sa-2.5-de. http://creativecommons.org/licenses/by-sa/2.5/legalacode

als Spielzeugfigur in ihre Dinosaurier-Serie auf. Skelettabgüsse von *Europasaurus* stehen unter anderem in Museen in Tokio und London.
Als Fossiliensammler blieb Holger Lüdtke auch nach der Entdeckung von *Europasaurus* weiter aktiv. Er hält immer noch in Bau- und Kiesgruben sowie auf Äckern nach Resten von Pflanzen und Tieren aus der Urzeit Ausschau. Seine Leidenschaft für das Fossiliensammeln hat ihn bereits im Alter von elf Jahren gepackt. In seinem Haus in Triangel stapeln sich Tausende von Fossilien bis unter das Dach. Seine Tochter Hanna studierte später nicht Geologie und Paläontologie, sondern Lehramt.
Der deutsche Künstler Gerhard Böggemann hat ein Lebensbild geschaffen, das ein erwachsenes und ein jugendliches Tier von *Europasaurus holgeri* zeigt. Im Hintergrund des Gemäldes ziehen andere Dinosaurier vorbei. Bevor Böggemann 1993 auf Wunsch seines Sohnes Daniel erstmals einen Dinosaurier malte, hatte er Gemälde romantischer Landschaften geschaffen.
Wegen aufsehenerregender Fossilfunde im Steinbruch am Langenberg bei Oker erwog man die Errichtung eines Freilichtmuseums Juramuseum Harz. Wie im Dinosaurier-Park Münchehagen wollte man plastische Rekonstruktionen von Dinosauriern schaffen zusammen mit einer Strandlandschaft mitsamt Unterwassertunnel. Doch diese hochtrabenden Überlegungen ebbten nach etwa 2005 ab.

Wichtige Funde im Steinbruch am Langenberg

September 1998: Der Fossiliensammler Holger Lüdtke aus Triangel entdeckt im Kalksteinbruch am Langenberg im Harz eine Zahnkrone, die er einem Elefantenfuß-Dinosaurier (Langhals-Dinosaurier) zurechnet.
1999: Holger Lüdtke findet im Steinbruch am Langenberg Reste des Skelettes von einem Elefantenfuß-Dinosaurier.
2001: Im Steinbruch am Langenberg wird ein kopf- und flügelloses Teilskelett enes Flugsauriers aus dem Oberjura geborgen.
2003 stieß ein Fossiliensammler im Steinbruch am Langenberg auf eine Steinplatte mit insgesamt 20 dreizehigen Fußabdrücken von Raubdinosauriern. Nils Knötschke vom Dinosaurier-Freilichtmuseum Münchehagen barg fünf dieser Fährten, um sie vor Zerstörung durch Steinbrucharbeiten zu bewahren. Die größten Fußabdrücke stammen von etwa acht Meter langen Raubdinosauriern.
2005 beschreibt der Mainzer Paläontologe Michael Fastnacht das 2001 im Steinbruch am Langenberg entdeckte, kopf- und flügellose Teilskelett eines Flugsauriers aus dem Oberjura. Dieses ähnelt der Gattung *Dsungaripterus* aus der Unterkreide von China.
2006 beschreiben die Paläontologen P. Martin Sander, Octávio Mateus, Thomas Laven und Nils Knötschke die Funde von Lüdtke und geben der bislang unbekannten Gattung und Art den Namen *Europasaurus holgeri*.
2019 beschreiben Thomas Martin, Alexander O. Averianov, Julia A. Schultz, Achim H. Schwermann und Oliver Wings

Zähne aus dem Steinbruch am Langenberg als Reste des ersten Säugetieres aus dem Jura Deutschlands, das sie *Teutonodon langenbergensis* nennen.
2017 beschreiben Daniela Schwarz, Maik Raddatz und Oliver Wings das bisher unbekannte Zwergkrokodil *Knoetschkesuchus langenbergensis.* Mit dem Gattungsnamen ehren sie den Entdecker Nils Knötschke, mit dem Artnamen erinnern sie an den Fundort.
Weitere wichtige Funde aus dem Steinbruch am Langenberg sind Zähne von Raubdinosauriern und von *Stegosaurus* („Dachechse").

Veraltetes Lebensbild des Plattendinosauriers Stegosaurus („Dach-Echse" oder „Platten-Echse"), geschaffen von dem Berliner Tiermaler Heinrich Harder (1858–1935) für die 30 farbige Sammelkarten umfassende Serie 1A „Tiere der Urwelt" (1916)

Frankfurter Paläontologe Hermann von Meyer (1801–1869).
Bild: Lithographie von C. J. Allemagne 1837

Dinosaurierfunde in Deutschland

1834: Entdeckung des ersten Dinosauriers *(Plateosaurus engelhardti)* in Franken
1837: Hermann von Meyer beschreibt *Plateosaurus engelhardti* aus Franken
um 1840: Wilhelm Dunker entdeckt bei Obernkirchen (Niedersachsen) einen Zahn des Leguanzahn-Dinosauriers *Iguanodon*
1857: Hermann von Meyer beschreibt *Stenopelix valdensis* aus den Bückebergen (Niedersachsen)
1859: Andreas Wagner beschreibt *Compsognathus longipes* aus Kelheim oder Jachenhausen bei Riedenburg (Bayern)
1861: Hermann von Meyer bezeichnet eine 1860 in Solnhofen entdeckte Feder als *Archaeopteryx lithographica.* 1861 findet man bei Langenaltheim das erste Skelettexemplar eines Urvogels, den man ebenfalls *Archaeopteryx* zurechnet. *Archaeopteryx* gilt heute als Raubdinosaurier.
1879–1881: Erste Fährtenfunde in den Bückebergen und den Rehburger Bergen (Niedersachsen)
1904: Erste Knochenfunde in Trossingen (Baden-Württemberg)
1908: Friedrich von Huene beschreibt *Sellosaurus gracilis* (heute: *Plateosaurus gracilis)* und *Halticosaurus longotarsus* (heute: *Liliensternus liliensternis*
1909: *Procompsognathus* wird am Nordhang des Stromberges bei Pfaffenhofen (Baden-Württemberg) entdeckt; der Schüler Hermann Weiß entdeckt Plateosaurierknochen in Trossingen;

Stuttgarter Paläontologe Eberhard Fraas (1862–1915).
Foto: (via Wikimedia Commons),
Lizenz: gemeinfrei (Public domain)

erste Dinosaurierskelettfunde in Halberstadt (Sachsen-Anhalt)

1910: Die Grabungen in Halberstadt beginnen

1911: Wichtige Fährtenfunde im Keuper Württembergs

1911–1912: Erste Trossinger Grabung

1913: Eberhard Fraas beschreibt *Procompsognathus triassicus* vom Nordhang des Stromberges bei Pfaffenhofen (Baden-Württemberg)

1921: Die Barkhausener Dinosaurierfährten (Niedersachsen) werden entdeckt

1921–1923: Zweite Trossinger Grabung

1932: Dritte Trossinger Grabung. Bei insgesamt sechs Grabungen werden Reste von fast 100 Plateosauriern geborgen

1932/1933: Hugo Rühle von Lilienstern gräbt am Großen Gleichberg in Thüringen zwei Skelette von *Plateosaurus* und zwei weitere von *Liliensternus* (früher: *Halticosaurus*) aus

1934: Willi Weiss entdeckt in Franken die Fährte *Coelurosaurichnus schlauersbachensis*

1948: Die Fährte *Coelurosaurichnus (Dinosaurichnium) moeni* wird beschrieben

1950: Karl Beurlen beschreibt die Fährte *Coelurosaurichnus kehli;*

Kurt Rehnelt beschreibt die Fährten *Coelurosaurichnus schlehenbergensis* und *Coelurosaurichnus kronbergeri;*

1952: Florian Heller beschreibt die Fährte *Coelurosaurichnus metzneri* die ab 1986 der Fährtengattung *Atreipus* zugerechnet wird

1958: Oskar Kuhn beschreibt zwei Dinosaurierfährten aus Franken: *Coelurosaurichnus ziegelangerensis* und *Coelurosaurichnus sassendorfensis*

1963: *Emausaurus* wird in einer Tongrube bei Greifswald (Mecklenburg-Vorpommern) entdeckt

Stuttgarter Paläontologe Rupert Wild.
Foto: Staatliches Museum für Naturkunde Stuttgart

1975: Erste Dinosaurierknochen aus Nehden bei Brilon (Nordrhein-Westfalen) tauchen auf
1978: Rupert Wild beschreibt *Ohmdenosaurus liasicus* aus der Gegend von Ohmden (Baden-Württemberg)
1979: Die Münchehagener Dinosaurierfährten werden entdeckt
1979–1982: Ausgrabungen in Nehden mit großartigen Funden der Leguanzahn-Dinosaurier *Iguanodon atherfieldensis* und *Iguanodon bernissartensis*
1982: Im Wiehengebirge (Nordrhein-Westfalen) wird ein vermeintliches Schwanzstachelfragment des Stegosauriers *Lexovisaurus* entdeckt;
Kurt Rehnelt beschreibt die Fährte *Coelurosaurichnus arntzeniusi*
1988: Im Stromberg bei Pfaffenhofen (Baden-Württemberg) kommt die Fährte eines *Procompsognathus* ähnelnden Raubdinosauriers samt Hautabdruck zum Vorschein
1989: In Baden-Württemberg wird anhand einer Fährte ein weiterer Raubtierfuß-Dinosaurier (Theropode) nachgewiesen, der *Syntarsus* gleicht
1990: Der gepanzerte Dinosaurier *Emausaurus ernsti* aus einer Tongrube bei Greifswald (Mecklenburg-Vorpommern) wird von Hartmut Haubold beschrieben
1991: Neue Fährtenfunde eines großen Raubtierfuß-Dinosauriers in Baden-Württemberg
2004: In Münchehagen (Niedersachsen) werden nahe der 1979 entdeckten alten Fundstelle weitere Dinosaurierfährten gefunden
2006: P. Martin Sander, Octávio Mateus, Thomas Laven und Nils Knötschke beschreiben den Elefantenfuß-Dinosaurier *Europasaurus holgeri* aus dem Kalksteinbruch am Langenberg bei Oker (Niedersachsen). Der Artname

Münchner Paläontologe Oliver Rauhut.
Foto: Foto: Professor Dr. Oliver W. M. Rauhut, Privatarchiv

erinnert an den Entdecker Holger Lüdtke
2006: Ursula B. Göhlich und Louis M. Chiappe beschreiben den 1998 bei Schamhaupten unweit von Eichstätt (Bayern) entdeckten Raubdinosaurier *Juravenator starki*
2007: Die Dinosaurierfährten von Obernkirchen (Niedersachsen) werden entdeckt
2012: Oliver Rauhut, Christian Foth, Helmut Tischlinger und Mark A. Norell beschreiben den 2009 oder 2010 bei Painten unweit von Kelheim (Bayern) ausgegrabenen Raubdinosaurier *Sciurumimus albersdoerferi*
2016: Oliver Rauhut, Tom R.. Hübner und Klaus-Peter Lanser beschreiben den 1998 von dem Geologen Friedrich Albat im Wiehengebirge bei Minden (Nordrhein-Westfalen) entdeckten Raubdinosaurier *Wiehenvenator albati*
2017: Oliver Rauhut und Christian Foth identifizieren ein 1855 in Jachenhausen bei Riedenburg (Bayern) geborgenes Fossil als Raubdinosaurier und nennen es *Ostromia crassipes.* Vorher galt dieser Fund, der im „Teylers Museum“ in Haarlem (Niederlande) aufbewahrt wird, als Urvogel.

Buch „Raubdinosaurier in Bayern. Von Archaeopteryx bis zu Sciurumimus" (2019) von Ernst Probst

Literatur

ENGLISCH, Benjamin / HÜHNE, Cathrin / JOGER, Ulrich / KNÖTSCHKE, Nils / KNOLLE, Friedhart: Dinosaurier von Oker bis Wyoming, 2017.

FASTNACHT, Michael: The first dsungaripterid pterosaur from the Kimmeridgian of Germany and the biomechanics of pterosaur long bones. In: Acta Palaeontologica Polonica 50 (2): S. 273–288, 2005.

GAUPELS, Pia: Wirbeltier-Paläontologie. Ein neues, jurassisches Krokodil aus Niedersachsen. In: Geohorizon, 22. Februar 2017.

GRÜLING, Birk: Präparation von Dinosaurierknochen. Der Dino-Puzzler. In: Zeit, Nr. 12, Hamburg 2024.

KASTILIAN, Sonja: Im Harz lebten einst zwergenhafte Dinosaurier. In: Die Welt vom 8. Juni 2006.

KÜHN, Dirk: Mit einem Dino-Zwerg auf zauberhafter Zeitreise. In: Braunschweiger Zeitung, 1. April 2017.

LALLENSACK, Jens N. / SANDER, P. Martin / KNÖTSCHKE, Nils / WINGS, Oliver: Dinosaur tracks from the Langenberg Quarry (Late Jurassic, Germany) reconstructed with historical photogrammetry: Evidence for large theropods soon after insular dwarfism. In: Palaeontologia Electronica 18.2.31A: 1–34

MAISCH, Michael W.: Amerikanische Riesen – europäische Zwerge. Die Dinosaurier des Oberjura aus Deutschland und den USA. In: Offizieller Katalog der 46. Mineralientage München (2009).

MARTIN, Thomas / AVERIANOV, Alexander O. / SCHULTZ, Julia A. / SCHWERMANN, Achim / WINGS, Oliver: Late Jurassic multituberculate mammals from

Langenberg Quarry (Lower Saxony, Germany) and palaeobiogeography of European Jurassic multituberculates. In: Historical Biology, 33(5), 616–629, 2019. https://doi.org/10.1080/08912963.2019.1650274
PROBST, Ernst: Dinosaurier von A bis K, München 2010.
PROBST, Ernst: Dinosaurier von L bis Z, München 2010.
PROBST, Ernst: Raubdinosaurier in Bayern. Von Archaeopteryx bis zu Sciurumimus 2019
SANDER, Martin / MATEUS, Octávio Mateus / LAVEN, Thomas / KNÖTSCHKE, Nils: Bone histology indicates insular dwarfism in a new Late Jurassic sauropod dinosaur. In: Nature. Band 441, Nr. 7094, S. 739–741, 2006.
SCHEIL, Michael / SANDER, Martin: Ein Zwerg unter Riesen. Der sauropode Dinosaurier Europasaurus und seine Evolution und Lebensweise. In: Jurassic Harz: Dinosaurier von Oker bis Wyoming. München 2017.
SCHWARZ, Daniela / RADDATZ, Maik / WINGS, Oliver: Knoetschkesuchus langenbergensis gen. nov. sp. nov., a new atoposaurid crocodylyform from the Upper Jurassic Langenberg Quarry (Lower Saxony, north western Germany), and its relationships to Theriosuchus. In: PLoS ONE 12 (2): e0160617i. DOI: 10.1371/journal.pone.0160617.
SPIEGEL WISSENSCHAFT: Sensationsfund. Die Minisaurier von Niedersachsen. 7. Juni 2006.
TSCHOPP, Emanuel: Brontosaurus und Europasaurus – Sauropoden waren nicht alle gigantisch. In: Jurassic Harz: Dinosaurier von Oker bis Wyoming. München 2017, S. 32–37.
WANDTNER, Reinhard: Europasaurus holgeri. Fast zwergenhafte Dinosaurier. Frankfurter Allgemeine Zeitung, 7. Juni 2006.

WIKIPEDIA (Online-Lexikon): Camarasaurus. https://de.wikipedia.org/wiki/Camarasaurus
WIKIPEDIA (Online-Lexikon): Europasaurus. https://de.wikipedia.org/wiki/Europasaurus
WIKIPEDIA (Online-Lexikon): Kalksteinbruch Langenberg. https://de.wikipedia.org/wiki Kalksteinbruch_Langenberg
WIKIPEDIA (Online-Lexikon). Martin Sander (Paläontologe) https://de.wikipedia.org/wiki/ Martin_Sander_(Pal%C3%A4ontologe)
WIKIPEDIA (Online-Lexikon): Sauropoden. https://de.wikipedia.org/wiki/Sauropoden
WINDOLF, Raymund: Dinosaurier-Lexikon. Das aktuelle Wissen über die Dinosaurier, von ihren Anfängen bis zum Aussterben. Korb 1989.
WINGS, Oliver: Auf Zwergdinojagd im Langenberg-Steinbruch bei Goslar. In: Fossilien. Journal für Erdgeschichte, Heft 2/2014, S. 44–50, Wiebelsheim 2014.

Autor Ernst Probst.
Foto: Klaus Benz (1935–2024), Fotograf, Mainz-Laubenheim

Der Autor

Ernst Probst, 1946 in Neunburg vorm Wald (Oberpfalz) geboren, war von 1973 bis 2001 verantwortlicher Redakteur bei der „Allgemeinen Zeitung" in Mainz und betätigte sich in seiner Freizeit als Wissenschaftsautor. Ab 1977 beschäftigte er sich mit der Erdgeschichte Deutschlands, zunächst als Fossiliensammler im Mainzer Becken, später als Verfasser von Artikeln für Tages- und Wochenzeitungen in Deutschland, Österreich und der Schweiz. Die „Welt" nannte sein 1986 erschienenes Buch „Deutschland in der Urzeit" ein „Glanzstück deutscher Wissenschaftspublizistik". Bis heute veröffentlichte er etwa 450 Bücher, Taschenbücher und Broschüren aus den Themenbereichen Paläontologie, Kryptozoologie, Archäologie und Geschichte.

Buch über den Ur-Rhein.
Foto: Ernst Probst

Bücher von Ernst Probst

(Auswahl)

Als Mainz noch nicht am Rhein lag
Der Europäische Jaguar
Der Mosbacher Löwe. Die riesige Raubkatze aus Wiesbaden
Der Rhein-Elefant. Das Schreckenstier von Eppelsheim
Der Ur-Rhein. Rheinhessen vor zehn Millionen Jahren
Deutschland im Eiszeitalter
Deutschland in der Frühbronzezeit
Deutschland in der Mittelbronzezeit
Deutschland in der Spätbronzezeit
Die Aunjetitzer Kultur in Deutschland
Die Straubinger Kultur in Deutschland
Die Singener Gruppe
Die Arbon-Kultur in Deutschland
Die Ries-Gruppe und die Neckar-Gruppe
Die Adlerberg-Kultur
Der Sögel-Wohlde-Kreis
Die nordische Bronzezeit in Deutschland
Die Hügelgräber-Kultur in Deutschland
Die ältere Bronzezeit in Nordrhein-Westfalen
Die Bronzezeit in der Lüneburger Heide
Die Stader Gruppe
Die Oldenburg-emsländische Gruppe
Die Urnenfelder-Kultur in Deutschland
Die ältere Niederrheinische Grabhügel-Kultur
Die Unstrut-Gruppe
Die Helmsdorfer Gruppe

Die Saalemündungs-Gruppe
Die Lausitzer Kultur in Deutschland
Die Dolchzahnkatze Megantereon
Die Dolchzahnkatze Smilodon
Die Säbelzahnkatze Homotherium
Die Säbelzahnkatze Machairodus
Die Schweiz in der Frühbronzezeit
Die Rhône-Kultur in der Westschweiz
Die Arbon-Kultur in der Schweiz
Die Schweiz in der Mittelbronzezeit
Die Schweiz in der Spätbronzezeit
Deutschland in der Urzeit. Von der Entstehung des Lebens bis zum Ende der Eiszeit
Deutschland in der Steinzeit. Jäger, Fischer und Bauern zwischen Nordseeküste und Alpenraum
Deutschland in der Bronzezeit. Bauern, Bronzegießer und Burgherren zwischen Nordsee und Alpen
Dinosaurier in Deutschland (zusammen mit Raymund Windolf)
Dinosaurier von A bis K. Von Abelisaurus bis zu Kritosaurus
Dinosaurier von L bis Z. Von Labocania bis zu Zupaysaurus
Dinosaurier in Bayern. Von Cetiosauriscus bis zu Sciurumimus
Raubdinosaurier in Bayern. Von Archaeopteryx bis zu Sciurumimus
Der rätselhafte Spinosaurus. Leben und Werk des Forschers Ernst Stromer von Reichenbach
Compsognathus. Der Zwergdinosaurier aus Bayern
Europasaurus. Die Echse aus Europa
Plateosaurus. Der Deutsche Lindwurm

Liliensternus. Ein Raubdinosaurier aus der Triaszeit
Flugsaurier in Deutschland. Von Dorygnathus bis zu Targaryendraco
Eiszeitliche Geparde in Deutschland
Eiszeitliche Leoparden in Deutschland
Höhlenlöwen. Raubkatzen im Eiszeitalter
Johann Jakob Kaup. Der große Naturforscher aus Darmstadt
Monstern auf der Spur. Wie die Sagen über Drachen, Riesen und Einhörner entstanden
Neues vom Ur-Rhein. Interview mit dem Geologen und Paläontologen Dr. Jens Sommer
Österreich in der Frühbronzezeit
Österreich in der Mittelbronzezeit
Österreich in der Spätbronzezeit
Raub-Dinosaurier von A bis Z. Mit Zeichnungen von Dmitry Bogdanav und Nobu Tamura
Rekorde der Urmenschen. Erfindungen, Kunst und Religion
Rekorde der Urzeit. Landschaften, Pflanzen und Tiere
Säbelzahnkatzen. Von Machairodus bis zu Smilodon
Säbelzahntiger am Ur-Rhein. Machairodus und Paramachairodus
Was ist ein Menhir? Interview mit dem Mainzer Archäologen Dr. Detert Zylmann
Wer ist der kleinste Dinosaurier? Interviews mit dem Wissenschaftsautor Ernst Probst
Wer war der Stammvater der Insekten? Interview mit dem Stuttgarter Biologen und Paläontologen Dr. Günther Bechly
Wiesbaden in der Steinzeit. Von Eiszeit-Jägern bis zu frühen Bauern

Mainz in der Steinzeit. Von Eiszeit-Jägern bis zu frühen Bauern.
Wiesbaden vor 600.000 Jahren. Die Fossilien der Mosbach-Sande
Kastel in der Vorzeit. Von der Jungsteinzeit bis Christi Geburt
Kostheim in der Vorzeit. Von der Jungsteinzeit bis Christi Geburt
Anno 1.000.000. Deutschland in der älteren Altsteinzeit
Die Altsteinzeit. Eine Periode der Steinzeit in Europa vor etwa 1.000.000 bis 10.000 Jahren
Österreich in der Altsteinzeit. Vor 250.000 bis 10.000 Jahren
Das Protoacheuléen. Eine Kulturstufe der Altsteinzeit vor etwa 1,2 Millionen bis 600.000 Jahren
Das Altacheuléen. Eine Kulturstufe der Altsteinzeit vor etwa 600.000 bis 350.000 Jahren
Das Jungacheuléen. Eine Kulturstufe der Altsteinzeit vor etwa 350.000 bis 150.000 Jahren
Das Spätacheuléen. Eine Kulturstufe der Altsteinzeit vor etwa 150.000 bis 100.000 Jahren
Die Lanze von Lehringen. Der Jahrhundertfund aus der Altsteinzeit
Das Moustérien. Die große Zeit der Neanderthaler
Das Aurignacien. Eine Kulturstufe der Altsteinzeit vor etwa 40.000 bis 31.000 Jahren
Das Gravettien. Eine Kulturstufe der Altsteinzeit vor etwa 35.000 bis 24.000 Jahren
Das Magdalénien. Die Blütezeit der Rentierjäger vor etwa 18.000 bis 14.000 Jahren
Die Hamburger Kultur. Eine Kulturstufe der Altsteinzeit vor etwa 15.700 bis 14.200 Jahren

Die Pfyner Kultur
Die Altheimer Kultur
Die Salzmünder Kultur
Die Horgener Kultur
Die Chamer Gruppe
Die Wartberg-Gruppe
Die Walternienburg-Bernburger Kultur
Die Kugelamphoren-Kultur
Die Schnurkeramischen Kulturen
Die Einzelgrab-Kultur
Die Glockenbecher-Kultur
Die Schönfelder Kultur
Die Cortaillod-Kultur. Eine Kultur der Jungsteinzeit vor etwa 4.000 bis 3.500 v. Chr.
Die Pfyner Kultur
Die Horgener Kultur in der Schweiz
Die Schnurkeramiker in der Schweiz
Die ersten Bauern in Österreich
Die Lengyel-Kultur
Die Badener Kultur
Die Mondsee-Gruppe
Große Kometen
Ein Journalistenleben
Weisheiten über Hund und Katze
200 Weisheiten über Pferde
400 Weisheiten über Verwandte
750 Weisheiten über Tiere

Schädel von Europasaurus
im Vergleich mit demjenigen von Giraffatitan.
Foto: Nils Knötschke / CC-BY-SA2.5
(via Wikimedia Commons),
lizensiert unter Creative Commons-Lizenz by-sa-2.5-de.
http://creativecommons.org/licenses/by-sa/2.5/legalacode

Nachbildung des Elefantenfuß-Dinosauriers Europasaurus holgeri.
Foto: Marseille77 / CC-BY-SA4.0 (via Wikimedia Commons), lizensiert unter Creative Commons-Lizenz by-sa-4.0-de. http://creativecommons.org/licenses/by-sa/4.0/legalacode